图书在版编目（CIP）数据

了不起的人工智能 / 未来童书编著. -- 北京 : 人民邮电出版社，2022.7
（迪士尼前沿科学大揭秘系列）
ISBN 978-7-115-59018-3

Ⅰ. ①了… Ⅱ. ①未… Ⅲ. ①人工智能－少儿读物
Ⅳ. ①TP18-49

中国版本图书馆CIP数据核字(2022)第051370号

本书编委会

出 品 人：李 翊
监　　制：黄雨欣
项目统筹：黄振鹏
项目策划：王娟娟
文字编写：王娟娟
教　　研：蔡键铭　陈 月　陆华敬
　　　　　寇 颖　李苏娟
设　　计：李德华　卜 凡　孙方园
版权经理：苏珏慧
项目支持：才钰涵

内容提要

这是一套为6~12岁小读者量身打造的前沿科学大揭秘系列科普书。丛书选用迪士尼经典卡通形象及电影为载体，通过一个个电影桥段，讲解童话故事中涉及人工智能、数据分析、算法等方面前沿科学的基础知识，并用童话照进现实的方式，配合沉浸式的阅读体验，引发小读者的好奇心，揭秘新科技背后的原理。

本书通过8段电影桥段讲解了光学字符识别、植物识别、信息预测、语音识别、自主学习机器人、医疗机器人、脑机接口和情绪识别这8种前沿人工智能技术，用看电影的方式，揭秘了这几种技术的基本原理，让小读者体会到人工智能的神奇之处，达到边看故事边学知识的目的。在讲解完成后，书中还给出了这些人工智能技术在日常生活中的应用，引导小读者开拓眼界并学以致用。

本书适合对迪士尼童话故事及前沿科学感兴趣的小读者阅读参考。

◆ 编　　著　未来童书
　　责任编辑　王朝辉
　　责任印制　陈　犇

◆ 人民邮电出版社出版发行　　北京市丰台区成寿寺路11号
　　邮编　100164　　电子邮件　315@ptpress.com.cn
　　网址　https://www.ptpress.com.cn
　　雅迪云印（天津）科技有限公司印刷

◆ 开本：889×1194　1/16
　　印张：5.75　　　　　　　　2022年7月第1版
　　字数：141千字　　　　　　2022年7月天津第1次印刷

定价：98.00元
读者服务热线：（010）81055410　印装质量热线：（010）81055316
反盗版热线：（010）81055315
广告经营许可证：京东市监广登字20170147号

迪士尼前沿科学大揭秘系列

了不起的人工智能

未来童书 编著

人民邮电出版社

北 京

写给小读者：

　　迪士尼塑造的电影角色让无数的大朋友和小朋友为之着迷，《超能陆战队》里暖心的机器人大白、《无敌破坏王2：大闹互联网》里为了朋友两肋插刀的拉尔夫、《疯狂动物城》中正直善良的朱迪警官……咋！当童话照进现实，电影里遇到的问题，如果用现实中的高科技来解决，会发生怎样的大转折呢？看到机器人大白可以快速诊断小宏的健康状况，你是否想知道他是如何做到的呢？接下来，你将带着这些好奇，开启一场与前沿科学有关的奇妙之旅。

　　电影人物面对的烦恼，也许你在成长中也会遇到。这套书将会给你打开一个无比独特的视角来解决它们：你绝对想不到，用漏斗分析法，能让快要倒闭的厨神餐厅起死回生；用对比分析法，竟然能帮助《赛车总动员》里的闪电麦昆成为无冕之王；你更想不到，用简单的二分查找法，就能让豹警官快速找到档案；还有贪心法，拉尔夫用它就能更快买到甜蜜冲刺的方向盘，守护云妮洛普的家园……

　　《了不起的人工智能》《会说话的数据》《聪明的算法》不仅是对前沿科学的科普，更是一份给大家的"未来技能包"。在机器轰鸣的工业时代，我们可以通过拆解零部件了解每一个伟大的发明。如今，我们迎来了人工智能时代，发明的原理变得越来越"肉眼不可见"，宝贵的知识往往藏在海量的信息深处。在未来世界，以人工智能为代表的前沿科学，必将改变我们的生活，创造全新的万物。了解人工智能、数据分析和算法，是人们未来不可或缺的"软技能"。

　　希望这套书能为小读者们打开一扇通往未来世界的大门，让"未来技能包"和迪士尼童话里的真善美常伴你们左右！

——猿编程创始人

目录

光学
字符识别

光学字符识别是通过扫描的方式识别文字的一种人工智能（AI）技术。它在生活中有很多应用，比如，扫描名片获取手机号，将纸质书转换成电子书等。

现在就让我们看看光学字符识别技术是怎么改变世界的吧！

兔子朱迪的**梦想**

是成为一个战功赫赫的**警官！**

但她接到的任务却是去街上开罚单。

刚才您说有14桩哺乳动物失踪案？我想我能负责一起。您可能忘了，我是我们这届最优秀的学员。

太小看我了，我中午之前就能开出200张罚单。

那又怎样？那你就一天开100张罚单。

耶！中午前开出了200张罚单！

我妈妈说你指望着罚款开工资。

我只超过30秒！

如果用光学字符识别技术
发明一个自动开罚单机

摄像头拍摄违停车辆照片

那么兔子朱迪就能去
破大案子了！

8

根据照片查询到车主信息

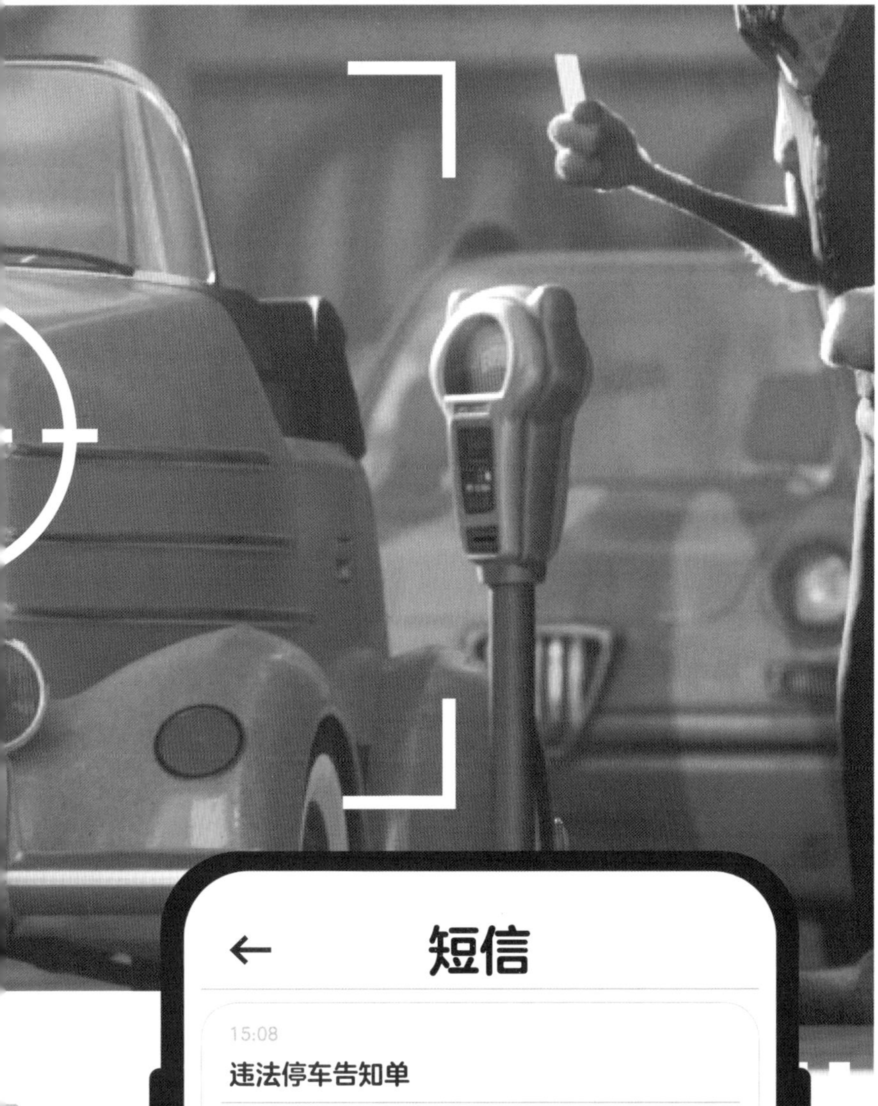

车主：　　　鹿先生
车牌号：　　CG2821
违停路段：　竹子路南侧
违停时间：　15:08
⋯⋯⋯

通过远程信息系统以短信的形式发送到车主手机上！

← **短信**

15:08

违法停车告知单

车主：　　　鹿先生
车牌号：　　CG2821
违停路段：　竹子路南侧
违停时间：　15:08
⋯⋯

15:12

光学字符识别技术大揭秘！

自动开罚单机之所以这么厉害，是因为在它的"身体"里安装了人工智能(AI)模块，它具备认识车牌上的所有数字和字母的能力。

只要摄像头对准车辆正面拍照，在几秒之内 AI 就能认出这辆车的车牌号！

AI 究竟是怎么做到的呢？

❶ 找到车牌位置

当我们拥有了一张违规车辆的照片，AI 要做的第一件事是找到车牌的位置，然后把它裁剪出来。

❷ 摆正车牌

将照片中车牌的角度摆正，是 AI 做的第二件事。

畸变图像　图像矫正　标准图像

❸ 把彩色变黑白

对 AI 来说，黑白的图像处理起来更快速，所以，把彩色的车牌变成"黑白"的是 AI 要做的第三件事。

❹ 分割数字

和你平时读书一样，AI 在识别整个车牌时，也是一个字接一个字读取的。所以，现在 AI 要做的事是把数字一个一个切割开。

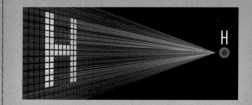

❺ 开始识别

做好了以上准备后，现在 AI 就可以开始识别了，AI 内部有一个特征库，里面包含了所有数字和字母的特征。通过对比，AI 刚刚切割好的字母和数字，在特征库中会被识别出来。

❻ 输出结果

将整个车牌读取完成后，AI 会将识别出的全部字母和数字按顺序排在一起，输出结果。

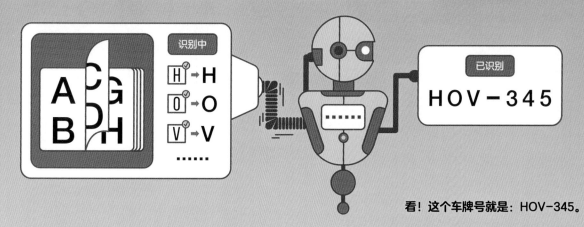

看！这个车牌号就是：HOV-345。

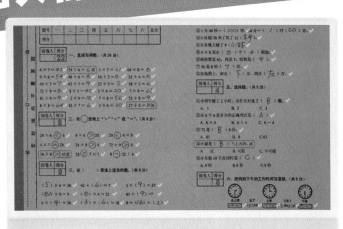

智能阅卷

以前，批改试卷需要老师一张张审阅。现在，有了光学字符识别技术，通过扫描试卷，短短几秒钟就能自动识别试卷上的内容！再结合对比答案数据，就能实现快速批改！这大大减轻了老师们的工作量，还提高了阅卷速度！

光学字符
识别技术
在生活中的应用

板书识别

光学字符识别技术不仅能减轻老师的工作量，对学生抄板书也有帮助！想要获取老师的板书，只需要拍下板书的照片，识别图中的文字，即可获得可以编辑的内容啦！

快递面单识别

要是来了快递，收件人的手机上会收到快递员发来的通知。这个通知是怎么收到的呢？因为有了光学字符识别技术，快递员只需扫描面单就能识别出电话号码，把通知发给收件人啦！

办公文档识别

来猜猜想要修改一份纸质报告文件需要怎么做？手动一个字一个字输入到计算机再修改？当我们运用光学字符识别技术，只要扫描一下纸质报告，就能得到全部文字啦！

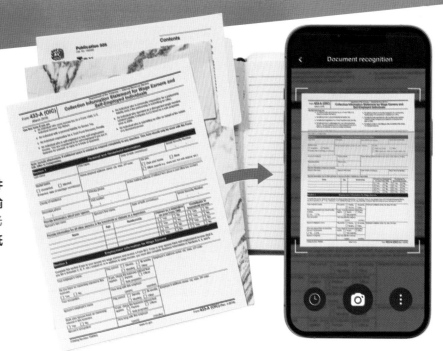

内容审核

你知道吗？我们在网络上看到的内容是需要有人来进行审核的，而有了光学字符识别技术之后，这项工作也可以交给它，使用识别文字技术，然后连接到审核系统，就能实现自动审核啦！

姓名:***
性别:女
手机号: **********
详细地址: ********

证件号: **********

身份识别

以前，注册实名账号时，一般都需要手动输入身份信息。现在，使用光学字符识别技术，扫描证件后可自动录入身份信息，再结合人脸识别技术，就能完成用户身份验证了。

「植物识别」

植物识别是能够根据植物的花瓣、叶子、花蕊等特征，识别出植物的名称或种类的一种人工智能（AI）技术。它可以帮助你认识更多的植物。

现在就让我们看看植物识别技术是怎么改变世界的吧！

动物城现在最重要的案件是
14起哺乳动物失踪案。

与此同时兔子朱迪正在
追捕一个神秘窃贼。

闭上你的小豁嘴！

咔！

让植物识别帮帮忙吧！

电影名	疯狂动物城
场次	2 场 1 次

用植物识别技术发明一个 侦探眼镜吧！！

1.识别结果：蓝莓

2.植物特征：每年开白色或粉红色的花，花冠常呈坛形或铃形

3.植物功效：蓝莓中富含花青素，花青素是非常强的抗氧化剂，能够减缓衰老

1.识别结果：西红花的球茎

2.植物特征：每年秋季开花，花朵有蓝紫、纯白等颜色

3.植物功效：过量食用可能会中毒，引发神经系统兴奋等症状

1.识别结果：胡萝卜

2.植物特征：根粗壮，长圆锥形，呈橙红色或黄色

3.植物功效：所含胡萝卜素是维生素A的主要来源，长期食用可预防夜盲症

证词：动物失踪前突然发狂

嫌疑人

1.识别结果：红萝卜

2.植物特征：根肉质，球形、根皮红色、根肉白色

3.植物功效：所含纤维素，可促进肠胃蠕动，有助于体内废物的排出

1.识别结果：西红花

2.植物特征：花朵呈现紫红色或暗红棕色，微有光泽

3.植物功效：西红花具有活血化瘀，凉血解毒，解郁安神的功效

植物识别技术
大揭秘！

侦探眼镜之所以这么厉害，是因为它的"身体"里安装了人工智能（AI）模块，它具备识别植物的能力。

AI 究竟是怎么做到的呢？

首先要对照片进行处理

 >>  >>

AI 会把花从背景中分离出来，让花的形态更清晰，便于识别。之后会对它进行灰度处理，这能让 AI 减少运算量，提高识别速度。

处理好照片后，AI 要开始分析这朵花了！

① 颜色特征分析

饱和度分析：

饱和度直方图

亮度分析：

亮度直方图

色调分析：

色调直方图

通过对花朵饱和度、亮度和色调的分析得出：这是一朵蓝紫色的花。

根据分析结果，系统筛选出了超过 2000 种的花：

蓝莲花

秋水仙

龙胆花

鸢尾花

绣球花

蝴蝶花

西红花

......

最后，AI 会输出结果

90% 可能是西红花
10% 可能是秋水仙

太棒了，AI 认出这种植物啦！这是一株西红花！

④ 纹理分析

纹理空间特征

平滑	粗糙
直线成分多	直线成分少
有明显花蕊	无明显花蕊
有明显环形	无明显环形

通过对花朵内部结构分布情况的分析得出：这朵花的纹理空间特征平滑、直线成分多、有明显花蕊，无明显环形。

根据分析结果，系统筛选出了两种花：

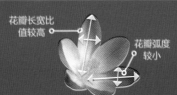

秋水仙　　　西红花

③ 形状特征分析

花瓣长宽比值较高

花瓣弧度较小

通过对花朵长宽比、花瓣弧度的分析得出：这朵花的花瓣形状接近细长的椭圆形。

根据分析结果，系统筛选出了超过 50 种的花：

蓝莲花　　　秋水仙　　　西红花
　　　　　······

② 边界轮廓分析

轮廓特征

简单	复杂
饱和	不饱和
有较大缺陷	无较大缺陷

简单且饱和　　　简单不饱和

复杂且饱和　　　复杂不饱和

通过对花朵轮廓的分析得出：这朵花的轮廓特征复杂、不饱和、有较大缺陷。

我们先将花朵看作一个多边形。越接近圆形的轮廓越简单，反之就越复杂。

根据分析结果，
系统筛选出了超过 100 种的花：

蓝莲花　　　秋水仙

龙胆花　　　鸢尾花　　　西红花
　　　　　······

植物识别技术出现后，解决了生活中的很多难题。

植物研学

当你遇到不认识的花花草草，身边的人也给不了答案时，怎么办？

如果你只有植物图片，想要在书中查到植物名称，需要一本一本翻、一页一页查。

有了植物识别技术，事情就简单多了。只要在手机里安装一款植物识别应用软件，用手机扫描植物，短短几秒，就能知道这株植物的名称。

植物
识别技术
在生活中的应用

种子筛选

除了日常生活，在农业生产领域，植物识别技术也能派上用场，比如：进行种子筛选。

以前，要想筛选出高纯度的种子，需要人工一粒一粒地查看、挑拣，费时又费力。而现在可以用植物识别技术筛选种子，节省了不少的人力和时间！

杂草防治

杂草会和幼苗争营养，种植农作物时一定要及时除草。手动除草效率低，耗时长，人力成本高。植物识别技术能够准确识别出农作物和杂草，如果这项技术应用在杂草防治方面，不仅能降低劳动成本、提高效率，还不用手动拔草啦！

植物健康管理

除了杂草，农作物最害怕的还有病虫害。

有些植物刚开始生虫或得病时，人们很难发现，从而导致植物发生病变、枯萎等情况。

如果使用植物识别技术，根据植物所得病虫害图像的特征识别出病虫害的种类，可以准确地进行治疗。

不仅如此，它还能判断植物是否缺水、缺肥等情况，轻轻松松就能实现植物健康管理，再也不用担心病虫害啦！

超市购物

就算不去野外，在日常生活中也用得上植物识别技术。

超市购物时，人工称重器前总要排队。

植物识别技术完全可以改变这一切，由此研发出的自动识别蔬果称重器，可以自动识别出蔬果类型，并结合蔬果单价、重量计算出价格，实现自助称重购物。这样，人们在超市称重时，就可以不用排长队人工称重啦！

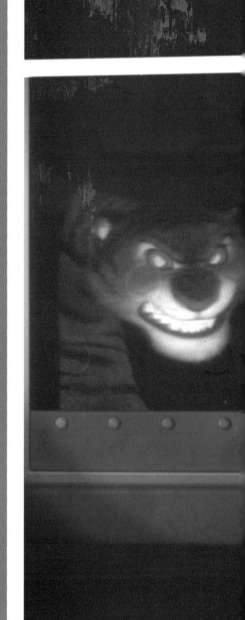

电影名	疯狂动物城
场次	3 场 1 次

信息预测

信息预测是可以从过去的数据中发现规律，并根据这些规律对新情况做出预测的一种人工智能（AI）技术。它不仅能预测未来天气，还能提前预知地震、海啸等自然灾害。

现在就让我们看看信息预测技术是怎么改变世界的吧！

朱迪和尼克找到了失踪的14只动物，
并发现它们都已发狂。

朱迪在采访中表示动物发狂的原因是食肉动物的基因。

DEVELOPING

新闻播出后

全市陷入了对食肉动物的恐慌。

而兔子朱迪也失去了与狐狸尼克之间的友谊。

这让狐狸尼克回想起了悲伤的童年经历。

如何阻止这悲伤的事情发生呢？

咔！

让信息预测帮帮忙吧！

电影名	疯狂动物城
场次	3场1次

如果用信息预测技术发明一个身体检测机！

脑部分析

血液分析

根据参数判断造成发狂的原因

基因　　2%

食物　　98%

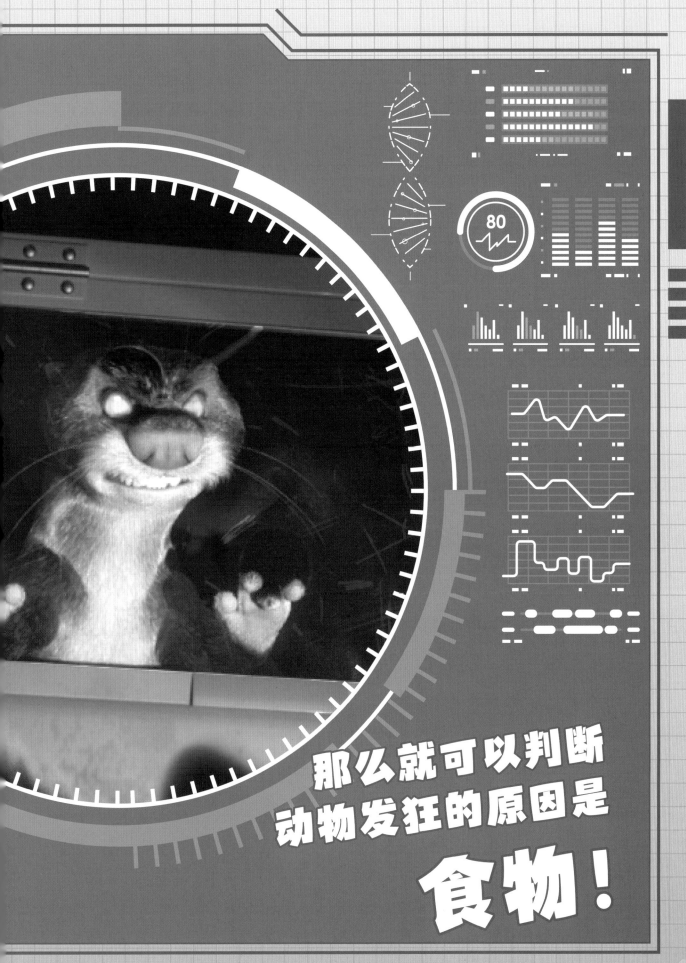

那么就可以判断
动物发狂的原因是
食物！

身体检测机是怎样分析出动物发狂原因的呢？

首先，将老虎检验单上的数据输入到模型中。

	老虎
脑部数据	C
血液数据	D

输入

神奇的"分类边界线"是怎么找到的呢？

1.收集大量动物发狂的病例

病例中详细记录了脑部、血液数据。

2.进行分类

这些动物中，有些是基因原因、有些是食物原因。将这些病历分类，并打上相对应的病因标签。

▶ 基因原因

▶ 食物原因

这就能为决策树提供数据。

输入后，发现老虎的数据在"食物原因"区域。

白色区域的数据代表食物原因

D ···········○ 老虎的数据

血液数据

B

灰色区域的数据
属于基因原因

模型里的分类边界线将
动物发狂的原因分成两类

C   A   脑部数据

输出

最后，报告显示是食物原因。

报告

发现老虎的发狂
可能是：食物原因。

3.用决策树找到分类边界线

决策树能帮助你，找出数据之间的规律。

◇ 判断   □ 结果

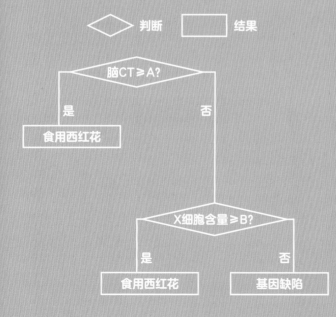

脑CT≥A?

是   否

食用西红花

X细胞含量≥B?

是   否

食用西红花   基因缺陷

根据以上决策树推导出分类边界线。

4.形成分类边界线

有了决策树的规律值，分界线也就找到啦！

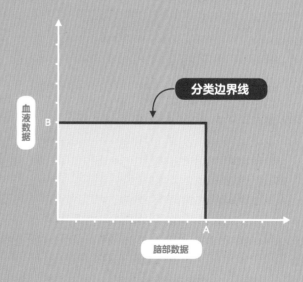

血液数据

B

分类边界线

A

脑部数据

你知道吗？用来进行分析的样本数据越多，得到的
边界线越准确，分析的结果准确率就越高。

信息预测技术的出现，让人们提前知道"变化"并有所准备。

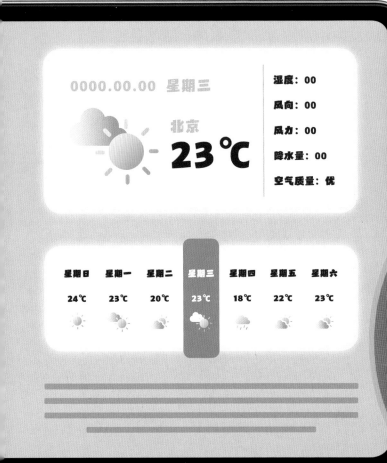

0000.00.00 星期三

北京
23℃

湿度：00
风向：00
风力：00
降水量：00
空气质量：优

星期日	星期一	星期二	星期三	星期四	星期五	星期六
24℃	23℃	20℃	23℃	18℃	22℃	23℃

天气预报

天气说变就变，早上出门时明明是大晴天，放学的时候却下起了大雨，如果提前预知天气就好了！之前的人们尝试通过经验来推断天气，当然，这种方法准确率不是很高。

现在，使用信息预测技术，结合海量气象数据，可以精准地预测出未来几天的天气情况。这样，在坏天气来临前，人们就可以做好准备啦！

信息预测技术
在生活中的应用

路程时间预测

除了天气原因，影响人们出行的，还有道路拥堵、施工、交通事故等因素，原本计划上午到达，结果天黑才到，真是不靠谱呀！到底什么时间才能到达呢？

智能导航系统利用信息预测技术，让这个问题有了答案。人们只需在系统中设定好起点、终点和出行方式，系统会自动测算出大体的到达时间。此外，在行进过程中，它还会根据各种突发情况，及时调整结果，推测出更准确的到达时间。

预计需要28分钟

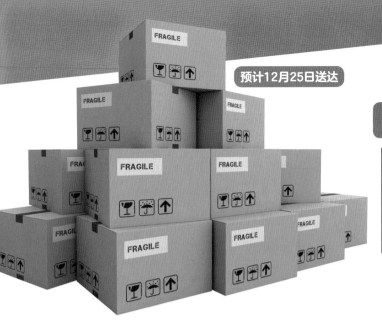

预计12月25日送达

收货时间预测

既然这项技术能预测路程时间，那它能不能预测收到包裹的时间呢？

网购下单后，买家想知道具体的收货时间，以往卖家只能凭借经验给出大体配送时间。现在，使用信息预测技术，再结合物流、天气、道路情况等数据，能够推测出相对准确的配送时间。

地震预测

除了应用在日常生活中，信息预测在灾害预警方面，也大有用处。地震，突发性强，波及范围广、破坏性强，且很难预知。现在，使用信息预测技术，可以预测出地震的时间、位置以及震级等详细信息，及时发布预警，让人们能提前做好防护，减轻灾难伤亡。

森林面积变化预测

能预测出自然灾难，当然也能预测出人为砍伐森林带来的严重后果。以前，人们对自然界的变化了解很少，所以大肆砍伐树木，造成了严重的环境问题。现在使用信息预测技术，可以获知未来森林面积的变化情况，帮助人们合理开发使用森林资源，减少对自然环境的破坏。

市场物价预测

信息预测技术还可以预测市场物价。

你知道吗？商品的市场价格是受市场供求关系等因素的影响上下波动的。在以往，商品价格波动的大小、范围，都不可预见。

而使用信息预测技术，能够预测出物价的涨跌情况，甚至能提前预测到通货膨胀或经济危机。

语音识别

电影名	超人总动员
场次	1场1次

语音识别是可以把人说的话，转化为能被机器理解的信息的一种人工智能（AI）技术。使用语音识别技术，可以实现与智能设备对话，使得人与机器之间的沟通更自然。

现在就让我们看看语音识别技术是怎么改变世界的吧！

它有很多神奇的功能。

来到了超能先生家，可是超能先生却不在家。

超能先生曾经拥有一辆超能跑车，

一天，

坏人们

孩子们碰了跑车的遥控器，

哇！跑车冲进了超能先生家。

快上车！

车子识别出了孩子们的声音。

VOICE I.D.
FROZONE

CONFIRMED
VOICE I.D.
VIOLET PARR

哇！

上天入地的冒险之旅开始了。

咔！

超能跑车
功能大揭秘！

电影名	超人总动员
场次	1场1次

电影中超能跑车
神奇的功能

有弹射装置
弹射技术

可驶向指定地点
导航技术

装有火箭炮
导弹发射

可一键变换外型
造型切换技术

可变成轮船
两栖技术

可遥控召唤
远程控制技术

语音识别

电影中跑车实现的录入新声音、语音启动、语音制动、语音开窗、识别聊天内容等功能，用到的都是人工智能（AI）中的语音识别技术。

可语音启动

可语音开窗

可录入新声音

可语音制动

可识别聊天内容

可无人驾驶

自动驾驶技术

车内人只要用语音发出指令，跑车自动开往目的地。

语音识别技术
大揭秘

!
超能跑车是如何识别出主人身份，并听懂指令的呢？

【一】这是谁的声音？

1 首先，把孩子们的话转换成 AI "能懂"的电信号

"快带我离开这里"的声信号

"快带我离开这里"的电信号

2 根据声音特征，确定发声者是谁

每个人都有自己的声音特点，AI 能识别出已经录入过的声音。

巴小飞

巴小倩

酷冰侠

AI 识别出了这个声音的主人——巴小倩。

【二】这个声音让我做什么？

读取句子内容

3 AI 读取信息前，会按照一定的时间间隔，把整个电信号切成小段。

快带我离开这里！

综合分析这段电信号的图像特点后，AI 会在发声词典中，找到与这个片段匹配度最高的发音。

例如，AI 查找到上图的发音：
90% 是 kuai
5% 是 guai
最后，输出结果为：kuai

巴小倩的完整指令为：
kuai dai wo li kai zhe li

快带我离开这里

接下来超能跑车启动，带巴小倩离开这里！

语音识别技术，提供了一种全新的指令输入方式。

18:33

今晚吃什么？

我也不知道。

都我想想。

按住 说话

软件语音转文字功能

小朋友想给手机应用软件上好听的故事留言评论却不会打字怎么办呢？最好的方法就是使用语音转文字功能啦。这个功能用到的语音识别技术就像一个转换器，进去的是语音，出来的却是文字，它可以对声音进行识别和处理，最后转化成文字方便交流。

语音识别技术
在生活中的应用

智能玩具

父母不在家的时候，你是不是常常会感觉孤独？智能玩具可以成为你的新伙伴，它听到我们说的话以后，通过语音识别系统，识别出我们说话的内容，就能快速做出回应啦。不管是唱歌、背诗，还是猜谜语等，它都可以完成，这样你一个人在家的时候也不会觉得寂寞啦。

车载系统

人们开车的时候，如果一只手扶方向盘，一只手打电话，不仅违反交通法规，还非常危险呢！车载系统利用语音识别技术，能够帮你解决这个问题。我们将手机与车载系统通过蓝牙连接后，就可以直接说出想要给谁打电话，车载系统听到语音后，会在我们的手机联系人中找到他并拨通电话。这样，人们既能安全开车又能打电话啦。

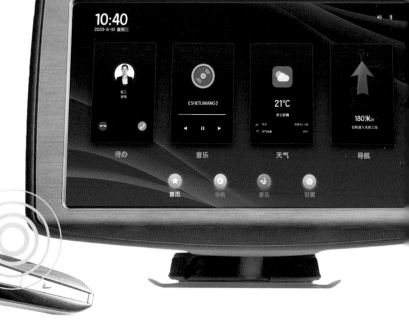

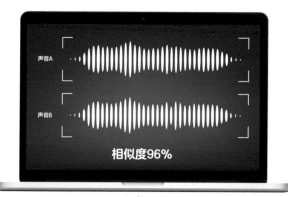

辅助办案

以前，公安调查案件，难以取证。现在，使用声纹识别技术，可以缩小寻找嫌疑人的范围，判断是否有作案前科等，大大降低了办案难度。

防止被盗刷

人们在进行网上支付的时候，有可能发生电子账号被盗刷的案件。现在，使用声纹识别技术，通过动态密码口令等方式进行个人身份验证，有效防止了电子账号被盗刷，提高了交易的安全性。

电影名	超人总动员
场次	2场1次

自主学习机器人

自主学习机器人是一种具备强化学习能力的人工智能（AI）机器人。它可以在不同场景下利用强化学习的方式提升自己的服务质量，例如，提供更精准的翻译、更智能的无人驾驶等。

现在就让我们看看自主学习机器人在动画片里的表现吧！

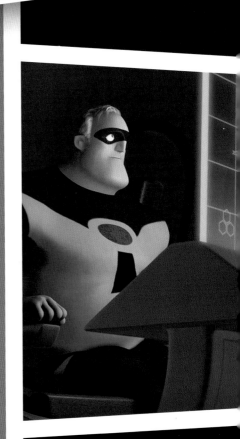

经过激烈的战斗超能先生战胜了他。

具有超能力的超能先生
接到了一个新任务。

要到一个无人岛上
征服一个自主学习机器人。

可他却发现这是
一个阴谋！

当超能力者打败机器人，坏人就再造一个新机器人。

创造这个机器人的目的，是让它学到超能力者的技能后打败超能力者。

当机器人打败超能力者，坏人就再找一个新的超能力者上岛。

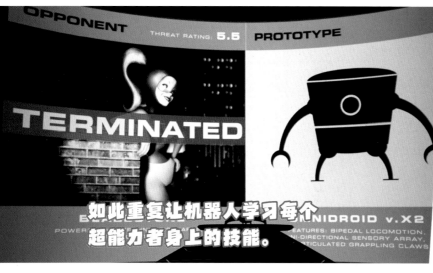

如此重复让机器人学习每个超能力者身上的技能。

直到成为最厉害的格斗机器人。

咔!

自主学习机器人技能大公开!

电影名	超人总动员
场次	2场1次

47

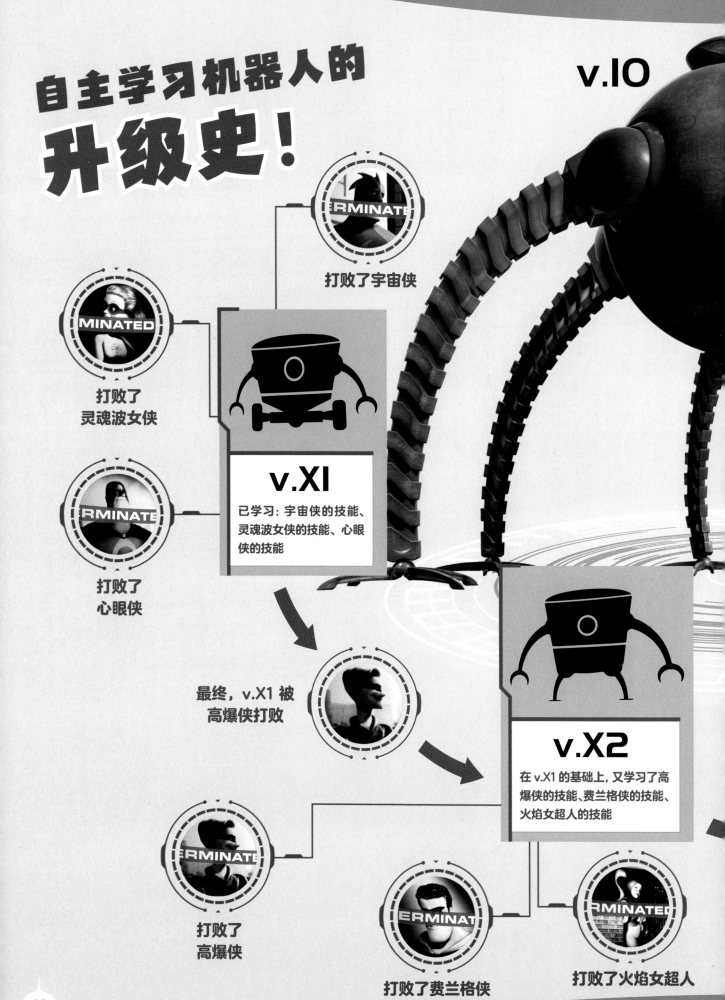

自主学习机器人的
升级史！

v.10

打败了宇宙侠

打败了
灵魂波女侠

打败了
心眼侠

v.X1
已学习：宇宙侠的技能、
灵魂波女侠的技能、心眼
侠的技能

最终，v.X1 被
高爆侠打败

v.X2
在 v.X1 的基础上，又学习了高
爆侠的技能、费兰格侠的技能、
火焰女超人的技能

打败了
高爆侠

打败了费兰格侠

打败了火焰女超人

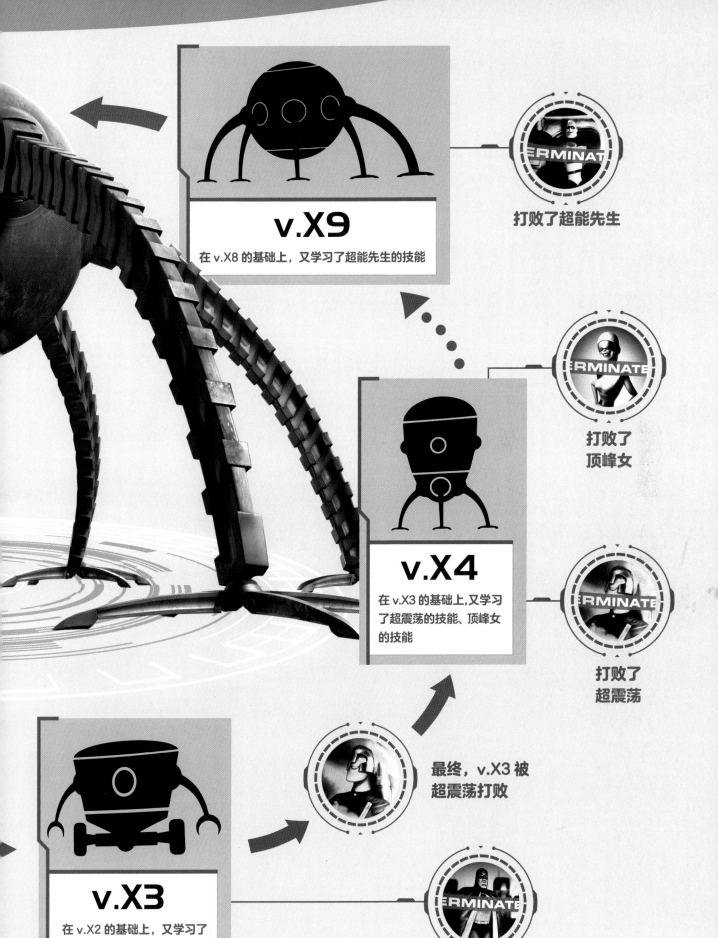

v.X9

在 v.X8 的基础上，又学习了超能先生的技能

打败了超能先生

v.X4

在 v.X3 的基础上，又学习了超震荡的技能、顶峰女的技能

打败了
顶峰女

打败了
超震荡

最终，v.X3 被
超震荡打败

v.X3

在 v.X2 的基础上，又学习了
当破侠的技能

打败了
当破侠

v.X9机器人 自主学习 大揭秘！

自主学习机器人并不是模仿你，而是根据外界的回应，不断优化自己的策略。

那 v.X9 机器人是怎样提高应对策略的呢？

1 安装记忆芯片

v.X8 的芯片中有所有格斗机器人的格斗策略，v.X9 装上这个芯片后，就会拥有这些格斗策略。

2 及时使用应对策略

机器人在和超能先生面对面打斗时，会根据对方的攻击形式，快速选择一种应对策略。

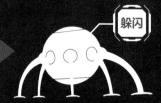

3

设置奖惩机制

应对策略有的是有效的，有的是无效的，所以我们需要在机器人内部设置一套严密的奖惩机制，来告诉机器人哪些是有效的应对策略，哪些是无效的应对策略。

应对策略效果

成功躲避攻击	正面反馈	▶ 加分
躲避失败	负面反馈	▶ 减分
成功攻击对方	正面反馈	▶ 加分

......

当成功躲避攻击或成功攻击对方时，获得加分奖励。

反之，当躲避攻击失败或未成功攻击对方时，会被减分惩罚。

4

不断争取高分，直到打败超能先生

在与超能先生战斗过程中，机器人为了获得更高的分数，会不断优化自己的策略。

分数越高越有可能打败超能先生！

51

不断学习的机器人，给人们提供更智能的服务。

阿尔法围棋（Alpha GO）

阿尔法围棋是自主学习机器人界的围棋高手！它曾在2016年3月，击败了围棋世界冠军李世石，这是机器人在围棋领域的重要里程碑。阿尔法围棋这么强，主要是因为用到了深度学习算法与强化学习算法，它模仿了3000万步人类围棋大师的走法，并从自我对弈中积累胜负经验，不断改进自身参数，最终战胜了世界冠军。

自主学习 机器人 在生活中的应用

自动驾驶汽车

自动驾驶汽车是学习机器人界的安全卫士！国内每年都会发生近20万起交通事故，其中约90%的事故原因来自于驾驶员的错误，而利用强化学习技术就可以让无人驾驶汽车避免这样的错误。自动驾驶汽车会根据每次失误的记录，来优化下一次的行驶。现在，自动驾驶汽车已经可以在模拟的城市环境中自主行驶了！

机器翻译

机器翻译即通过计算机将一种语言转换成另一种语言。我们常用的中英文翻译，就是一种机器翻译。它能通过收集翻译是否准确等的反馈信息，优化下次翻译的结果，提升翻译的准确度。

推荐产品

购物应用软件是自主学习机器人界的读心专家！应用软件使用强化学习技术，通过用户反馈的数据，得出用户的偏好和意图，就可以为我们准确地推荐喜欢的商品啦！

语音助手

语音助手是自主学习机器人界的百事通！它们通过回答问题、收集反馈信息来强化学习，优化下次提供的回答，从而提高服务质量。

医疗机器人

医疗机器人是一种智能服务型的人工智能（AI）机器人，它可以依据实际情况提供医疗或辅助医疗服务。比如，为医生的诊断提供参考依据，以及在病人的恢复过程中提供帮助等。

现在就让我们看看电影里的医疗机器人有多神奇吧！

当你感到疼痛的时候只要大叫，

他可以评估你的疼痛等级，

小宏的哥哥发明了一个机器人，名字叫大白。

他就会出现。

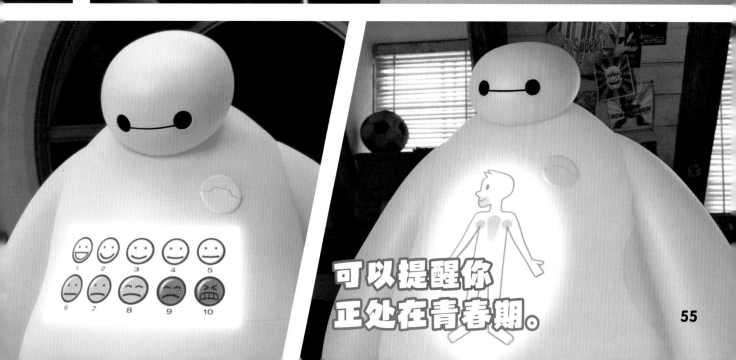

可以提醒你正处在青春期。

他关注你的情绪起伏。

为了平复你的情绪
愿意奔走冒险，

他愿意当你的垫脚凳。

更能在
危机时刻保护你的安全。

他为什么能如此厉害呢？

医疗机器人
技能大公开！

咔！

电影名	超能陆战队
场次	1场1次

电影中大白 提供的服务

医疗机器人

电影中大白提供的评估健康、诊断疾病、判断青春期、获取亲友关系、安抚情绪等，都属于人工智能（AI）中的医疗机器人服务。

评估健康

诊断疾病

判断青春期

询问疼痛等级

安抚情绪

听懂别人说话

和人对话

语音识别 和语音合成技术

电影中大白能听懂别人说话，同时也能回应对方，这用到的就是人工智能（AI）中的语音识别和语音合成技术。

数据库技术

下载新的数据库

认出小宏

人脸识别技术

回答专业的问题

知识图谱技术

学习空手道

机器学习

可以发现生命体征

红外探测技术

医疗机器人大揭秘

小宏的手擦伤了，大白给予了积极的治疗。大白究竟是怎么做到的呢？

① 得到小宏全身影像

大白会先扫描小宏全身，得到小宏当前的全身医学影像。

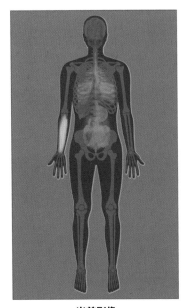

当前影像

② 调取小宏医疗档案

大白会读取芯片中小宏的电子医疗档案，档案中有小宏健康时的医学影像、过敏情况、既往病史、有无慢性病等医疗数据。

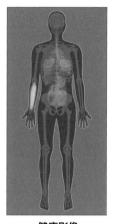

医疗档案

姓名：小宏
过敏食物：花生
既往病史：无
有无慢性病：无

健康影像

③ 病情诊断

大白会将小宏目前身体影像与正常的身体影像进行对比，大白找到了小宏受伤的位置——右前臂！
然后根据伤口深浅、严重程度等数据，继续判断受伤的详细情况。

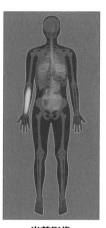 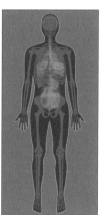

当前影像　　　　　健康影像

④ 实施治疗

大白体内置入了超过 10000 种医疗方案。
针对小宏的表皮擦伤，大白匹配的医疗方案是：使用含杆菌肽喷雾，进行除菌治疗。

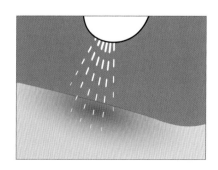

医疗机器人不仅可以辅助医生诊疗，还可以提供多种医疗服务！

导诊机器人

进入医院，第一件事是挂号。以前，排队挂号需要等很久，生病了也不知道看什么科室。现在，中国人民解放军总医院，已经开始使用导诊机器人，它可以根据患者所表述的症状进行分诊、介绍各科室专家简介和科室诊疗优势等，不仅提升了医院的服务质量还节省了患者的就诊时间。

医疗
机器人
在生活中的应用

诊断辅助机器人

挂完号，做了各项检查，就需要得到医生的诊断。以前，医生需要自己整理、分析患者的资料才能得出诊断结果，工作量很大。现在，使用诊断辅助机器人，可以辅助医生分析检查结果，同时结合患者的既往病史做出进一步的诊断和治疗建议。医生可以结合这些信息，为病人提供合适的治疗方案。2018年4月12日，中国电子科技集团公司第五十五研究所职工医院正式启用了"DE-超声机器人"人工智能辅助诊断项目，用于甲状腺结节诊断。据悉，该超声机器人此前已在浙江大学第一附属医院实现临床应用。

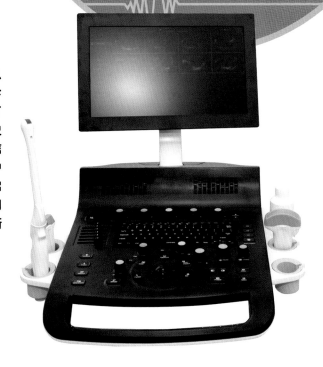

达芬奇手术机器人

确诊后，如果需要手术就要和医生确认手术时间。以前，医生手术时，容易发生手抖、疲劳等情况，导致患者创口大。2015年2月7日，手术机器人达芬奇在武汉协和医院完成湖北省首例机器人胆囊切除术。它可以让手术的精准度更高、效果更好，同时减轻了医生的身体负担，患者的恢复时间也能得到缩短。

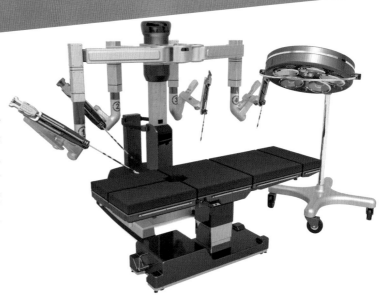

服务机器人

一家医院要想正常运转，里面有许多基础服务都是人工负责的。现在，使用服务机器人进行清洁消毒、运送物资等工作，不仅提高了工作效率，还节省了人力。

康复机器人

手术后，有的患者需要做康复训练。以前，康复理疗师施加在患肢上的力度与训练轨迹都难以保持良好的一致性，而且需要理疗师进行较强的体力劳动。现在，使用康复机器人，可以完成助残行走、辅助训练方案等工作，让患者得到充足的、高质量的康复训练。在2018年11月29日第三届中国康复半程马拉松中，两名运动员选手使用外骨骼机器人，成功完成马拉松比赛，并打破了世界纪录。

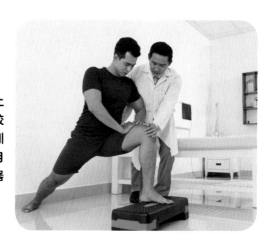

特种医疗服务机器人

医护人员除了在医院出诊，有时还会在特殊环境中工作。比如放射性、传染性环境，这些环境有时会对身体造成伤害，而现在，可以使用特种医疗服务机器人代替医疗人员去危险环境工作。在2020年，广东省人民医院，就有两台机器人负责给患者递送药品。机器人自己会开门、关门，还会坐电梯，一台机器人可以完成3名递送人员的工作，能更好地保护医护人员，降低了疾病的传染。

电影名	超能陆战队
场次	2场1次

「脑机接口」

脑机接口是通过大脑与外部设备之间创建的直接连接，是能实现大脑与设备信息交换的一种人工智能（AI）技术。它可以帮助植物人表达想法、帮助残疾人恢复行走。

现在就让我们看看用脑机接口控制的机器人在电影里有多神奇吧！

小宏用头戴式脑机接口控制这些机器人。

微型机器人！

这是小宏的新发明

它看起来不起眼但当它与其他小伙伴连接起来时，就会变得很厉害。

这项发明受到了大家的关注！

可是面具怪人却拿这项发明做坏事。

现在，只要拿走面具怪人的脑机接口，就能阻止这一切！

咔！

脑机接口
指令大公开！

电影名	超能陆战队
场次	2场1次

电影中脑机接口
传达的指令

托住我行走

困住弗雷德

压住芥末无疆

组成我的手势

组成手势形状

组装机器

架起零件

组成圆球
困住神行御姐

脑机接口技术 大揭秘

1 想像"右手招手"的动作

当小宏想像招手动作时，脑海中会呈现出相应的信号。

2 脑机接口会把这个信号，转换成电信号。

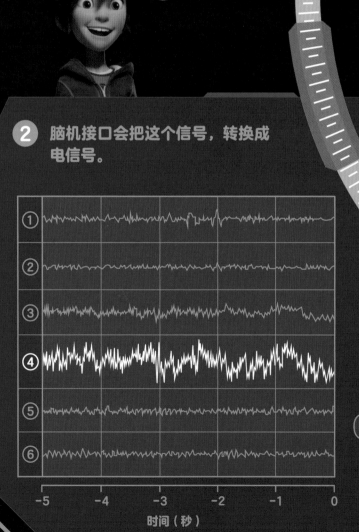

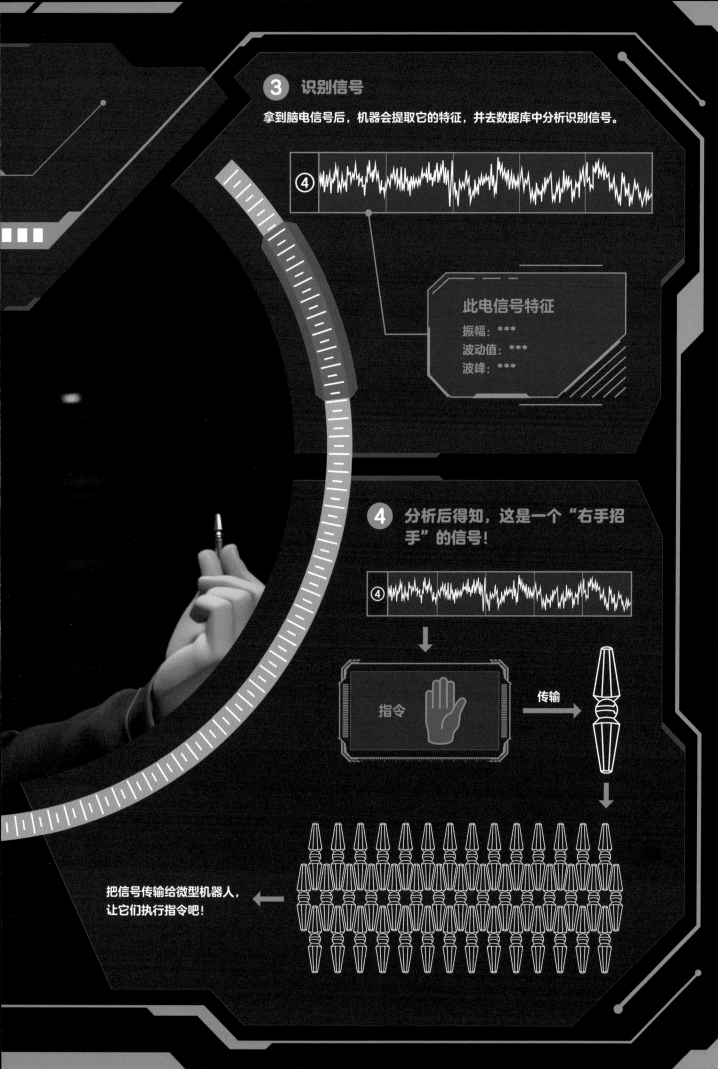

③ 识别信号

拿到脑电信号后，机器会提取它的特征，并去数据库中分析识别信号。

④

此电信号特征

振幅：***
波动值：***
波峰：***

④ 分析后得知，这是一个"右手招手"的信号！

④

指令

传输

把信号传输给微型机器人，让它们执行指令吧！

脑机接口技术的出现，直接让大脑中意识"控制"机器成为可能！

助残行走

在2014年巴西世界杯上，一位截肢残疾者，凭借脑机接口和机械外骨骼完成了首开球！这是怎么做到的呢？先给残疾人的腿上安装机械外骨骼，然后利用脑机接口技术，由残疾人的大脑发出的行动信号转换成数字化的行动指令，这样，机械外骨骼就能帮助残疾人重新行走啦！

脑机接口技术在生活中的应用

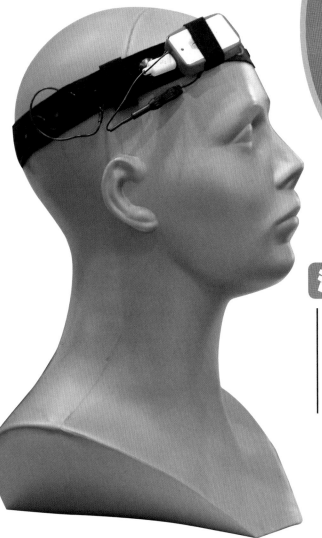

渐冻人思想表达

渐冻症患者会全身肌肉萎缩，甚至不能正常说话和表达自己的思想，非常痛苦。而患有渐冻症的病人使用脑机接口技术，直接将自己的想法反馈到电脑上，通过电脑或打字机表述出来，不需要自身生理机能语言的表达，更不需要外在的行为动作。脑机接口技术可以给予很多病人像正常人一样生活的希望！

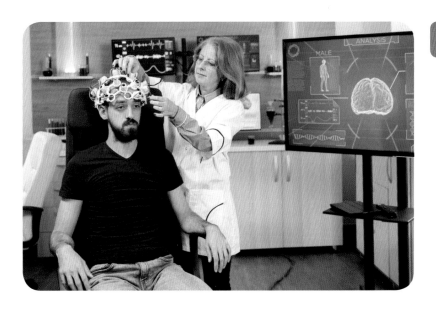

治疗癫痫

2021年4月19日，首位接受我国自主研发的闭环神经刺激器植入手术的癫痫患者，在浙江大学医学院附属第二医院出院。这也是脑机接口技术在应用层面以及难治性癫痫诊治领域取得的重大突破。对于癫痫患者来说，癫痫随时都有可能发作，如果不能及时治疗则会造成严重的后果。而基于脑机接口的反应性电刺激系统，能够对癫痫进行实时检测和刺激，有效抑制癫痫发作，让癫痫患者也可以像正常人一样生活！

控制飞机飞行

2016年装备了脑机接口的航空志愿者在模拟飞行中操控一架飞机，并同时用脑机接口技术操控另外两架飞机处于飞行编队中。这样，既能保护飞行员的安全又能完成飞行任务！完全不需要用手操控。

帮助睡眠

脑陆科技在2018年推出的初代脑机接口助眠产品通过不同声波频率引导大脑进入睡眠或冥想状态，从而缓解失眠，也能适度缓解精神压力。这样，大家就不用担心失眠啦！

情绪识别

电影名	超能陆战队
场次	3 场 1 次

情绪识别是指通过分析人类面部表情、语音或文本等信息，自动识别出人的情绪状态的一种人工智能（AI）技术。它可以让人与机器的交互变得更加友好和自然。

现在就让我们看看大白在电影中是怎么对小宏进行情绪识别的吧！

我好想他！

小宏的哥哥去世以后，大白陪伴着他。

我的心在痛！

他发现小宏情绪低落，于是开始了行动。

首先，下载一个失去亲人数据库，找到安慰小宏的方法。

Diagnosis:
Bereavement

Treatment:
C

方法1：联系他的朋友。

Diagnosis:
Bereavement

Treatment:
Contact with friends and family

搜索和他有联系的人，

下载通讯录，打电话给
他们，让他们来安慰小宏。

方法2：肢体安慰，给他一个大大的拥抱。

识别出的情绪大揭秘！

咔！

电影名	超能陆战队
场次	3场1次

电影中大白
识别出
的情绪

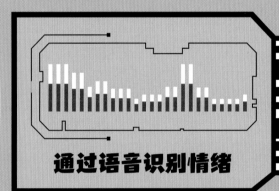

通过语音识别情绪

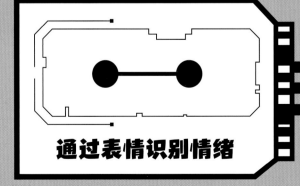

通过表情识别情绪

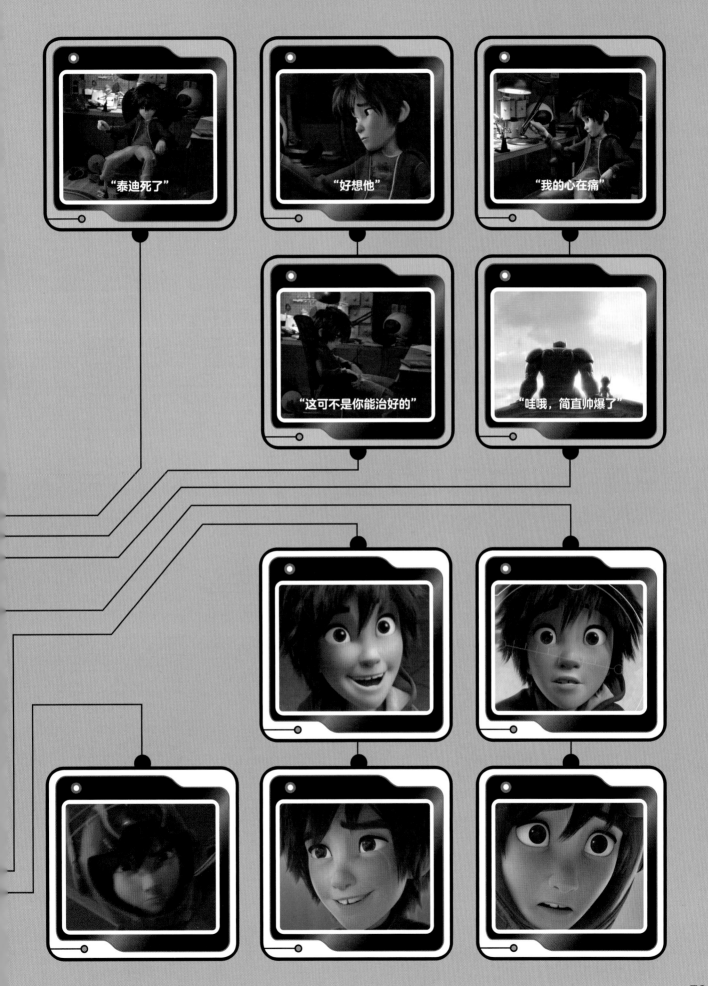

情绪识别技术大揭秘！

大白能准确识别出小宏的情绪，究竟是怎样做到的呢？

方法1：
通过语言识别情绪。

① **声音转换成文字**

大白使用语音识别技术，可以将小宏说的话，转换成文字。

转换 →

泰迪死了，虽然人们常说，只要我们记着他，他就没有真的离开。可是，我好想他，我的心在痛。

② **找到句子中的情感词**

大白会按照顺序一个字一个字地查找，每查找到一个情感词，大白都会标出来！

泰迪死了，虽然人们常说，只要我们记着他，他就没有真的离开。可是，我好想他，我的心在痛。

③ **给情感词打分，识别情绪**

拿到这些情感词后，大白会根据系统设定，给情感词打分。

没有真的离开：1分

痛：-3分

之后，把所有的得分加在一起，结果：1-3=-2分。

这句话加起来是一个负数，所以小宏现在的情绪是消极的。

方法2：通过表情识别情绪。

①　获取小宏表情

大白使用摄像头拍下小宏的面部表情照片。

②　表情识别

提取面部关键特征点的位置作为特征区域，关键特征点包括眉毛、眼睑、嘴唇、下巴，并对关键特征点进行强度分级，生成表情特征图像。

③　情绪识别判定

表情特征图像与数据库中的标准表情图像对比，大白会选取匹配度最高的表情。

小宏表情

生气的标准表情

匹配度 98% 识别结果：小宏生气了！

情绪识别技术，揭示了人们在特定事件上的情绪状态。

疲劳检测

根据道路交通行业调查数据统计显示，重大交通事故中，因疲劳驾驶造成的事故所占比例达到40%以上。

如果对司机每间隔一定时间就进行抓拍，根据司机的表情，识别出司机的情绪。当监测到疲惫的状态时，就发出语音提醒，这样司机就可以及时休息，调整状态，从而避免交通事故的发生啦！

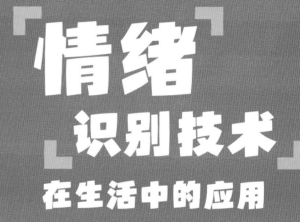

「情绪」
识别技术
在生活中的应用

监测患者情绪

情绪识别技术同时也是自闭症、抑郁症等心理疾病患者的福音！

通过摄像头记录患者的面部表情，再利用情绪识别技术，帮助医生对患者的情绪进行跟踪记录。在患者出现焦虑、悲伤等负面情绪的时候，能够及时记录并告知医护人员，请医护人员给予帮助和治疗，可以大大帮助患者减少痛苦。

智能整理评价

在情绪识别技术被开发和应用之前，商家只能通过人工审阅顾客对所购买的商品发表的评价获知自己出售的商品是否能够获得消费者的好评，需要消耗大量的人力和时间。

有了情绪识别技术后，系统就会自动分析顾客发表的评价，分析出该评价是正面的还是负面的，该评论中有哪些关键词以及整理出每个关键词出现频率，给予商品一些改进建议。商家只需定期查阅后台的数据就能够得知顾客对自己所销售商品的整体评价如何。

所有评价

用户1
50条评价 234粉丝   关注
★★★★★ 5.0   一天前
非常好！赞！

用户1
50条评价 234粉丝   关注
★☆☆☆☆ 1.0   一天前
体验很差！

用户1
50条评价 234粉丝   关注
★★★★★ 5.0   一天前

智能客服

客服盲目地向用户推荐产品，不仅效率低，还会给用户造成困扰。而智能客服会利用情绪识别技术，识别出用户的情绪。根据客户的情绪，智能客服可以判断客户是否喜欢此产品，收集整理客户的偏好，从而精准推荐产品，达到优化用户体验及有效宣传推广的目的。

课堂教学

在远程教学中，老师难以接受学生的反馈，还有的学生不喜欢提问，导致跟不上课程，成绩不理想。而现在，可以使用摄像头记录学生的表情，再利用情绪识别技术全程跟踪学生的情绪，针对学生的情绪调整难点讲解，以帮助提高教学质量，为教学研究提供辅助。

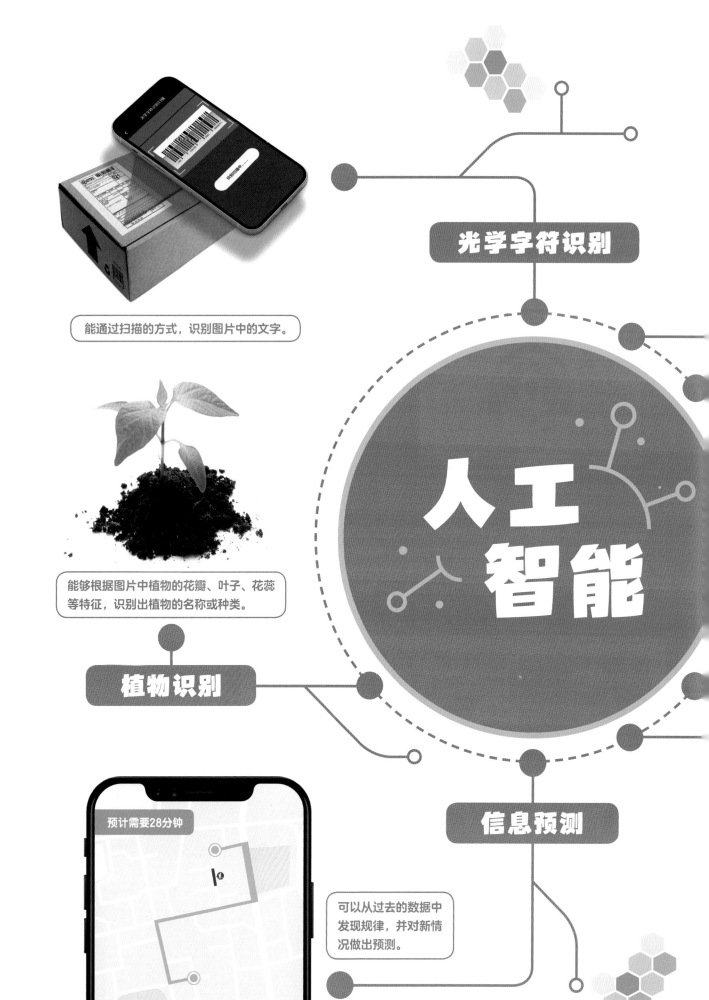

能通过扫描的方式，识别图片中的文字。

能够根据图片中植物的花瓣、叶子、花蕊等特征，识别出植物的名称或种类。

光学字符识别

人工智能

植物识别

信息预测

预计需要28分钟

可以从过去的数据中发现规律，并对新情况做出预测。

语音识别

可以把人说的话，转化为能被机器理解的信息。

自主学习机器人

是一种具备强化学习能力的机器，它能通过学习提升服务质量。

医疗机器人

脑机接口技术

通过大脑与外部设备之间创建的直接连接，实现大脑与设备的信息交换。

可以依据实际情况，提供医疗或者辅助医疗服务。